Jasmin Deufel

Tourismus(t)räume

Chancen und Risiken des Massentourismus an spanischen und portugiesischen Küsten

GRIN Verlag

Bibliografische Information der Deutschen Nationalbibliothek:

Die Deutsche Bibliothek verzeichnet diese Publikation in der Deutschen National-
bibliografie; detaillierte bibliografische Daten sind im Internet über http://dnb.d-
nb.de/ abrufbar.

Impressum:

Copyright © 2010 GRIN Verlag, Open Publishing GmbH
Druck und Bindung: Books on Demand GmbH, Norderstedt Germany
ISBN: 978-3-640-71646-3

Universität Passau

Lehrstuhl für Regionale Geographie

PS Lateinamerika und die Iberische Halbinsel

Sommersemester 2010

– Tourismus(t)räume –

Chancen und Risiken

des Massentourismus an spanischen und portugiesischen Küsten

Jasmin Deufel

Studiengang: BA Kulturwirtschaft

Fachsemester: 6

Inhaltsverzeichnis

Abbildungsverzeichnis

1. Einleitung

Tourismusträume. Einströmende Touristenmassen, die Geld ins Land bringen, steigenden Wohlstand und Arbeit fördern, sich mit dem zufrieden geben, was für die Einheimischen ganz alltäglich ist – *Sol y playa.* Solange die positiven Aspekte des Massentourismus überwiegen, wird nicht an eine nachhaltige Entwicklung gedacht – ohne Rücksicht auf Verluste. Was hier ein wenig überspitzt dargestellt wird, ging solange gut, bis der gesellschaftliche Wandel und somit die veränderten Wertevorstellungen sich auf das Reiseverhalten ausübten. Es wird weiterhin zahlreiche Touristen geben, die mit den Pauschalreisen ihre Bedürfnisse gestillt sehen, aber es existieren immer mehr Reisende, die ihren Urlaub nach ihren persönlichen Vorlieben gestalten möchten.

Der Schwerpunkt der Arbeit liegt auf dem Massentourismus in Spanien. Portugals Entwicklung zur Tourismusdestination begann erst einige Jahre später und ist dazu nicht so sehr ausgeprägt wie in Spanien. Zuerst wird auf die Entwicklung des Massentourismus in den beiden Ländern mit Hilfe des Lebenszyklusmodells von Fremdenverkehrsorten nach Richard W. Butler eingegangen. Anschließend werden die Risiken und Chancen erörtert und mit einem kurzen Ausblick auf die zukünftigen Entwicklungen abgerundet.

Tourismusträume – nachhaltiger Tourismus mit Vorteilen sowohl für die einheimische Bevölkerung und deren Umwelt, sowie für die Touristen durch ein besonderes Urlaubserlebnis – können wahr werden, aber nur durch eine Neuorientierung der *Tourismusräume.*

2. Was versteht man unter Massentourismus?

Man verbindet eine gewisse Vorstellung mit dem Begriff Massentourismus: überfüllte Strände, Bettenburgen, die bis auf wenige Meter an die Küste gebaut wurden, Verdrängung der lokalen Brauchtümer, durch die multikulturellen Menschenmassen und andere mehr.

Wenn man die harten Fakten betrachtet, kann die Definition wie folgt lauten: „Beim Massentourismus werden organisierte Reisen zu einem meist billigen Preis und zumeist als „Pauschalarrangements" an eine große Zahl von Menschen verkauft, die ihren Aufenthalt im Zielgebiet an einem infrastrukturell intensiv entwickelten Ort konsumieren."[1]

---

[1] FRIEDL (2008, S. 10).

3. Historische Entwicklung des Massentourismus an Spaniens und Portugals Küsten anhand des Lebenszyklusmodells von Fremdenverkehrsorten nach Butler[2]

3.1 Spanien

Die historische Entwicklung des Massentourismus an Spaniens Küsten soll anhand des Lebenszyklusmodells von Fremdenverkehrsorten nach R. W. Butler deutlich gemacht werden. Der Lebenszyklus von Verbrauchsgütern ist aus den Wirtschaftswissenschaften bekannt und wird von Butler auf die Tourismuswirtschaft angewendet, denn auch der Tourismus ist demnach ein maßgeschneidertes Produkt, das vermarktet und verkauft wird.

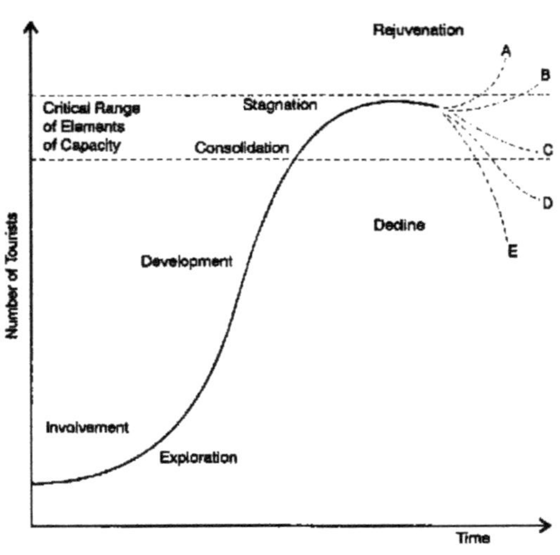

Abb. 1: Lebenszyklusmodell nach Butler

Butler unterscheidet in seinem Lebenszyklusmodell folgende Phasen: die Phase der Erkundung, Erschließung, Entwicklung, es folgt eine Phase der Konsolidierung, die der Stagnation und letztendlich die Phase der Erneuerung oder des Niedergangs.

Die Zeit der **Erkundung** konnte in Spanien vom 18. bis Ende des 19. Jahrhunderts beobachtet werden. Einzelreisende – vor allem Künstler und Forscher – zeigten großes Interesse an der spanischen Kultur und den maurischen Bauwerken in den andalusischen Städten Granada, Sevilla, Córdoba und Málaga. Zu dieser Zeit war der Süden Spaniens noch äußerst schwer zugänglich – am besten erreichte man ihn per Schiff. Auch Unterkünfte waren relativ selten und hauptsächlich in den größeren Städten zu finden.

Ab etwa 1880 begann die Phase der **Erschließung**. Wohlhabende Gäste – vor allem Briten – kamen zum Winteraufenthalt nach Málaga um von dem milden Klima zu profitieren. Zunächst mieteten oder kauften sie Häuser in Málaga, bald darauf auch an der übrigen Küste der Provinz. Das erste Luxushotel ‚Miramar' entstand 1926 in Málaga. Die Infrastruktur ließ bis dahin aber weiterhin zu wünschen übrig. Durch den Bürgerkrieg in den Jahren 1936-39 wurde die Phase der Erschließung gestoppt. In den darauf folgenden Jahren entstanden immer mehr

---

kleine Hotels, die als Familienbetriebe geführt wurden, und den wenigen Touristen Unterkunft boten. Mit der voranschreitenden Motorisierung der Bevölkerung kamen anfangs viele französische Touristen an die Costa Brava, wo die vielen Campingplätze Möglichkeiten zu billigem Familienurlaub boten.[3]

Die Grundlage zur **Entwicklungsphase** setzte Franco im Jahr 1959 mit dem sogenannten Stabilisierungsgesetz. Dies ermöglichte die Öffnung der spanischen Grenze für den Tourismus. Der Fremdenverkehr wurde staatlich unterstützt und durch den aktiven Aufbau der Tourismusinfrastruktur gefördert. Insbesondere die Visa-Abschaffung und Devisen- und Zollerleichterungen vereinfachten das Reisen nach Spanien.

Auch der Flughafen wurde zur zivilen Nutzung freigegeben und ermöglichte somit den Empfang von großen Touristenzahlen. Durch den Andrang internationaler Touristen wurden in kürzester Zeit und ohne städtische Planung unkontrolliert Bettenburgen hochgezogen. Oft wurde der Ausbau der Infrastruktur durch ausländische Investoren unterstützt, da die eigenen Mittel nicht ausreichten.

Mit dem Beginn der Nutzung des Flugzeuges als Verkehrsmittel verlor die Entfernung Spaniens von den entsprechenden Heimatländern an Bedeutung. Reiseveranstalter machten die Flüge durch Charterflüge erschwinglich. Speziell den Pauschalreisen kam bei der Entwicklung des spanischen Tourismus eine besondere Bedeutung hinzu. Durch den Verkauf des Urlaubs als Massenprodukt konnten die *Economies of scale* – also die Größeneffekte – genutzt werden, indem Beförderungs- und Übernachtungsangebote gebündelt wurden.[4] Das Angebot des Urlaubs als Massenprodukt richtete sich vorwiegend an Personen mit geringer und mittlerer Kaufkraft. Diese Personengruppen zeichneten sich vor allem durch wenige individuelle Bedürfnisse aus. Das berühmte *Sol y playa* deckte die Ansprüche an einen Sommerurlaub somit größtenteils ab.

Spaniens Touristen kommen hauptsächlich aus europäischen Ländern. Am stärksten sind hierbei Großbritannien und Deutschland vertreten, gefolgt von Frankreich, Italien und Holland.[5]

Der wachsende Wohlstand unterstützte im Anschluss an den zweiten Weltkrieg die Entwicklung Spaniens als Tourismusland. Eine bedeutende Abschwächung des Tourismusbooms konnte nur während der Ölkrise in den 70er Jahren festgestellt werden, ansonsten wurde ein stetiges Wachstum der Touristenzahlen verzeichnet.

---

[3] vgl. BREUER (2008, S. 140).
[4] vgl. BREUER (2008, S. 148-149).
[5] vgl. NOHLEN et al. (2005, S. 63).

Die Phase der **Konsolidierung** wird von 1980 bis 1988 gesehen. Das touristische Angebot und dessen Nachfrage verzeichneten weiterhin ein steigendes Wachstum. Außerdem gewann die Binnennachfrage einheimischer Touristen an Bedeutung. Der Tourismus und die damit verbundenen Arbeitsplätze trugen ebenfalls zu Einkommenszuwächsen und steigendem Lebensstandard der spanischen Bevölkerung bei. Dies ermöglichte nun auch ihnen regelmäßiges Reisen.

In diesen Jahren machten sich aber ebenso die Schwächen bemerkbar, die durch die boomartige Entstehung der Tourismusinfrastruktur verursacht wurden. Konkurrenzziele in anderen Mittelmeerländern zum Beispiel wurden deswegen immer attraktiver, da sie ein ähnliches Angebot mit gleichzeitig niedrigeren Preisen verbinden konnten.

Ab 1988 bis 1993 wird von der Phase der **Stagnation** gesprochen. Die abnehmenden Touristenzahlen galten als Warnsignal für die Probleme Spaniens als Tourismusdestination. Die Reiseveranstalter vermittelten ihre Angebote für Spanien an immer weniger und finanzschwächere Gäste. In Magaluf auf Mallorca versuchte man eben diese kaufkraftschwachen britischen Unterschichten in großen, wenig ästhetischen Hotels mit geringer Qualität unterzubringen um deren Kapazitäten auszulasten. Die Folge waren alkoholische Exzesse und Vandalismus der jüngeren Reisenden, was unter anderem das Fernbleiben von Familien mit Kindern verursachte.[6] In diesen Jahren hatte Spanien mit großen Imageverlusten zu kämpfen und spürte die immer größere Bedeutung der Konkurrenzziele, die auch mit ganzjähriger Saison klare Vorteile gegenüber Spanien verbuchen konnten.

Die letzte Phase des Tourismus-Lebenszyklus kann entweder durch die Erneuerung oder den Niedergang der Touristengebiete charakterisiert werden.

Im Falle Spaniens ist die Phase der **Erneuerung** mit einem **Fragezeichen** versehen, da die zukünftige Entwicklung noch nicht genau vorherzusehen ist. Seit 1993 sind wieder steigende Gästezahlen zu nennen, aber auch der Anteil der finanzschwachen Gäste wächst.

Überdies konnte Spanien von den politischen Unruhen, sowie der Terrorismusgefahr in einigen Konkurrenzländern seit den 1990er Jahren profitieren.[7]

Auf Druck der Reiseveranstalter werden die Preise niedrig gehalten. Es ist aber auch anzumerken, dass durch die Entstehung der Billigflug Airlines, die Reisenden nicht mehr so stark an die Reiseveranstalter gebunden sind. Vielmehr schnüren sich viele heute ihr individuelles

---

[6] vgl. BREUER (2008, S. 151).
[7] vgl. NOHLEN et al. (2005, S. 64).

Urlaubspaket mit Hilfe der im Internet zu findenden Angebote selbst[8], womit sich Spanien ein wenig aus der Abhängigkeit der großen ausländischen Reiseveranstalter lösen kann.

Auch die spanische Regierung hat die große Bedeutung des Tourismussektor für ihre Wirtschaft erkannt und will durch Investitionen den Niedergang bekämpfen.

Die Wirtschaftskrise der letzten beiden Jahre hat die positive Entwicklung jedoch kräftig gedämpft. 2009 fiel die Zahl der Touristen sogar auf das Niveau von 2003 zurück.[9]

3.2 Portugal[10]

Zur Entwicklung Portugals als touristisches Ziel trugen, wie in Spanien, vorwiegend die Faktoren Sonne und Strand bei. Die Entwicklung begann erst einige Zeit später in den 80er Jahren, jedoch nach dem gleichen Muster wie an der Costa Brava in Spanien mit einer Großzahl an französischen Campingtouristen an den Nord- und Mittelküsten Portugals. Im Jahr 2004 war Portugal auf Rang 19 mit einem Marktanteil von 1,5% der weltweiten Touristenankünfte. Heutzutage ist der Tourismus also von großer Bedeutung für die portugiesische Wirtschaft. Im Jahr 2004 beliefen sich die Einnahmen aus dem Tourismus auf 6,2 Milliarden €, was rund 4,4% des Bruttoinlandprodukts ausmacht. Spanien erwirtschaftete absolut 36,4 Milliarden €, was ca. 4,3% des Bruttoinlandprodukts bedeutet. Folglich kann man feststellen, dass der Tourismus in Portugal durchaus beachtliche Einnahmen mit sich bringt und zudem noch gute Aussichten auf weiteres Wachstum bestehen.

---

[8] vgl. BRAMWELL (2004, S. 15).
[9] vgl. EL PAÍS (2010) : El turismo en España cae un 8,7% y vuelve a cifras de 2003.
http://www.elpais.com/articulo/economia/turismo/Espana/cae/87/vuelve/cifras/2003/elpepieco/20100114elpepieco_9/Tes (14.05.2010).
[10] vgl. BREUER (2008, S. 137-140).

4. Risiken und Probleme des Massentourismus in Spanien und Portugal

4.1 Unkontrollierter Bauboom

Da Spaniens Infrastruktur nicht auf die immer stärker einströmenden Touristenmassen vorbereitet war, wurden spanische Küsten ungeordnet und unkontrolliert, teilweise sogar illegal bebaut. Durch exzessive Bebauung mit Hotels und riesigen touristischen Siedlungen, sogenannten *urbanizaciones,* wurde die Landschaft zersiedelt und verunstaltet, zumal die Architektur häufig dem lokalen Stil nicht angepasst wurde. „Unkontrolliertes und rücksichtsloses Bauen neuer Freizeitanlagen verunstaltet das Landschaftsbild"[11] auch in Portugal. Durch die enorme Nachfrage konnten große Gewinne mit den Immobilien erzielt werden, was die Bau- und Bo-

Abb. 2: Benidorm - früher und heute

denspekulation immer weiter antrieb, wobei auch Korruption öfters eine Rolle spielte. 1988 wurde mit dem *Ley de Costas* in Spanien die weitere Verbauung der noch unerschlossenen Küstengebiete durch Bauverbote bzw. bauliche Einschränkungen verhindert. Offensichtlich wurde mit diesem Gesetz erst reichlich spät reagiert und für viele Küstenabschnitte kam diese Maßnahme erst, nachdem die größte Landschaftsversiegelung bereits statt gefunden hatte. In manchen Touristengebieten wurden im Nachhinein die gravierendsten Bausünden durch Sprengung entfernt.[12]

Der Dienstleistungssektor, sowie die private und öffentliche Bautätigkeit entwickelten sich in vielen Tourismusdestinationen Spaniens zu den beinahe wichtigsten Säulen der Wirtschaft. Da der Bausektor sehr eng mit dem Tourismus verknüpft ist, machen sich die Auswirkungen des Ausbleibens der Touristenströme sofort bemerkbar. Wiederholt mussten Bauvorhaben komplett gestoppt werden, was schwere Beschäftigungsprobleme in der jeweiligen Region nach sich zog.[13]

Es gibt zwar weiterhin Bodenspekulationen, aber heutzutage werden mehr und mehr vorbildlich geplante Hotels, Feriensiedlungen und Freizeitanlagen gebaut, die sich durchaus an ei-

---

[11] BRIESEMEISTER et al. (1997, S. 61).
[12] vgl. NOHLEN et al. (2005, S. 64).
[13] vgl. BERNECKER et al. (2004, S. 578).

nem Tourismus orientieren, der Qualität schätzt und die Umwelt, sowie das kulturell historische Erbe respektiert.[14]

Was aber heute immer mehr als problematisch für den Tourismus gesehen werden kann, ist die zunehmende Überalterung des Hotelwesens. Eine Modernisierung ist hierbei dringend notwendig, um auch weiterhin ein attraktives Angebot für die Touristen bieten zu können.[15]

4.2 Umweltverschmutzung

Die Umwelt nimmt teilweise großen Schaden durch die Einflüsse des Massentourismus. Zum **Ausbau der Infrastruktur** zählen auch vielspurige Straßen, die durch Naturlandschaften gebaut wurden, diese zerstörten und dort lebenden Tieren ihre Lebensgrundlage nahmen. Darüber hinaus werden die **Strände stark belastet**. Bevor die Touristenmassen ankommen, werden die Strände präpariert und künstlich aufgeschüttet. Die Gäste hinterlassen obendrein viel Müll an den Stränden und verunreinigen somit die Küsten.

Durch die große Anzahl an Reisenden entsteht ein derartiges **Müllaufkommen**, dass die örtlichen Entsorgungsvorrichtungen teilweise nicht genügend Kapazität aufweisen und mit der Entsorgung nicht mehr hinterher kommen.

Zudem ist der hohe **Energiebedarf und -verbrauch** ein Problem für die Tourismusorte.

Ein weiterer Problempunkt ist auch das **hohe Fahrzeugaufkommen** und die dadurch bedingte **Lärmbelästigung**, sowie die **Luftverschmutzung**.

4.3 Wassermangel

Durch den Tourismus werden enorme Mengen an **Trink- und Brauchwasser** benötigt.[16] Mehrmalige tägliche Duschen und auch die Reinigung der Textilien in Hotels tragen einen großen Teil zum Wasserverbrauch bei. Nicht zu vergessen ist dabei auch die **Bewässerung** von Hotelanlagen und öffentlichen Grünflächen. Ebenfalls benötigen die Grünflächen der unzähligen Zweitwohnsitze sehr viel Wasser. Vor allem die Bewässerung von Golfplätzen, besonders in den heißen Sommermonaten, ist bezüglich des horrenden Wasserverbrauchs vielen Kritikern ein Dorn im Auge. Es ist ebenso der große Landschaftsverschleiß der Golfplätze anzumerken.[17]

---

[14] vgl. NOHLEN et al. (2005, S. 64).
[15] vgl. BERNECKER et al. (2004, S. 589-590).
[16] vgl. PEDREÑO (1996, S. 290).
[17] vgl. SCHMITT (1999, S. 95).

Der Fremdenverkehr kann aber auch zur **Verschlechterung der Wasserqualität** beitragen, indem der Wasserverbrauch so hoch ist, dass die **Abwasserentsorgung überfordert** ist, und Wasser ungereinigt zurück in die Flüsse und ins Meer geleitet wird.[18]

Ein weitere Problematik kann darin gesehen werden, dass die **Wasserbedarfsspitzen** der Landwirtschaft und des Tourismus beide in die regenarmen, trockenen Sommermonate fallen und somit der Grundwasserspiegel überlastet wird. Teilweise wird die Landwirtschaft über den Sommer sogar aufgegeben.

An manchen Orten sinkt der Grundwasserspiegel so tief, dass **Meerwasser** in das **Grundwasser eindringt**, was zur **Versalzung** führt und es untrinkbar macht. Auf Mallorca liefern deshalb beispielsweise Tankwagen Trinkwasser für die Versorgung der Bevölkerung. Das Grundwasser kann dann nur durch teure Entsalzungsanlagen wieder trinkbar gemacht werden.[19]

4.4 Sozioökonomische Nachteile und Probleme

Als gesellschaftliches Problem kann der **Verlust der eigenen kulturellen Identität**[20] der Bevölkerung des besuchten Landes festgestellt werden. Einheimische Traditionen werden durch die multikulturellen Einflüsse womöglich zurückgedrängt und geraten in Vergessenheit. In Bezug auf die lokale Wirtschaft besteht insofern ein Nachteil, dass durch **ausländische Investoren** auch ein beträchtlicher Teil der Gewinne letztendlich von fremdländischen Unternehmen erzielt wird. Das gilt für Hotels, die in „ausländsicher" Hand sind, genauso wie für die Reiseveranstalter, die in den Herkunftsländern der Touristen agieren.[21] Außerdem sollte die **Abhängigkeit der Touristenorte von den Reiseveranstaltern** erwähnt werden. Vor allem bevor die Billigflieger regelmäßige Flugverbindungen zur Iberischen Halbinsel anboten, waren die Charterflugangebote der Reiseveranstalter zu den Urlaubsdestinationen beinahe die einzige Möglichkeit in den Süden zu gelangen.[22] Umso wichtiger war es, in den Urlaubskatalogen der Reiseveranstalter aufgeführt zu werden.

Durch den Tourismus werden sehr viele **Arbeitsplätze im niedrigeren Dienstleistungssektor** – wie Kellner, Zimmermädchen, etc. – benötigt. Diese Arbeitsplätze sind schlecht bezahlt und unsicher, da viele Beschäftigte nur befristete Arbeitsverhältnisse haben.[23]

---

[18] vgl. PEDREÑO (1996, S. 290).
[19] vgl. SCHMITT (1999, S. 95-96).
[20] vgl. PEDREÑO (1996, S. 289).
[21] vgl. BRAMWELL (2004, S. 12).
[22] vgl. BERNECKER (2004, S. 589).
[23] vgl. BRAMWELL (2004, S. 12).

4.5 Konjunkturelle und saisonale Schwankungen

Einerseits ist der Tourismus **konjunkturellen Schwankungen** ausgesetzt. In Zeiten schwacher Wirtschaft, verdienen die Leute nicht sehr gut oder sind vielleicht sogar arbeitslos und können sich folglich keinen Urlaub leisten. Dementsprechend leiden die vom Tourismus abhängigen Regionen besonders stark unter Wirtschaftskrisen oder -flauten.

Andererseits unterliegt der Tourismus starken **saisonalen Schwankungen**. Der Großteil der Touristen besucht Portugal[24] und Spanien in den Sommermonaten, besonders im Juli und im August. Dies bedeutet eine **unrentable Unterausnutzung** der Hotelkapazitäten in den restlichen Monaten und dadurch auch regelmäßige Probleme im Beschäftigungsbereich.[25]

Saisonale Arbeitslosigkeit steht somit Zeiten mit großen Belastungen durch **lange und anstrengende Arbeitstage** gegenüber.[26]

4.6 Konkurrenz

Wie erwähnt fehlt es in Spanien an qualitativ hochwertigen Hotels. Deshalb entscheiden sich viele Touristen für ein gleichwertiges aber billigeres Angebot in konkurrierenden Ländern wie der „Türkei, Tunesien oder sogar verschiedene Ziele in der Karibik"[27] . Da sie ebenfalls das Sonne und Strand Modell anbieten ist das Urlaubsziel fast auswechselbar.

4.7 Angebotsstruktur

Auch wenn Spanien jährlich viele Millionen Touristen aufnimmt, bringen sie verhältnismäßig wenig Geld in das Land. Die Angebotstruktur ist hauptsächlich an die untere und mittlere Kategorie[28] gerichtet und weniger an das Luxussegment.

---

[24] vgl. BRIESEMEISTER et al. (1997, S. 62).
[25] vgl. NOHLEN (2005, S. 64).
[26] vgl. BRAMWELL (2004, S. 12).
[27] vgl. BERNECKER et al. (2004, S. 46-47).
[28] ZUBER, H. (2002): Galaxie der Qualität.
<http://wissen.spiegel.de/wissen/image/show.html?did=22539694&aref=image030/E0219/SCSP2002020015101 51.pdf&thumb=false> (14.05.2010).

5. Chancen des Massentourismus

5.1 Reduzierung der Saisongebundenheit

Eine große Chance für den Massentourismus bietet die Reduzierung der starken Saisongebundenheit.[29] Würde es gelingen, auch in der Nebensaison vermehrt Touristen anzuziehen, könnten die Schwankungen am Arbeitsmarkt der lokalen Bevölkerung gemildert werden. Gute Möglichkeiten von der Saisonabhängigkeit weg zu kommen, bietet das angenehme Klima im Winter, das vor allem den ganzjährigen Golftourismus fördern kann.

5.2 Wirtschaftliche Vorteile

Wirtschaftliche Vorteile brachten die **Deviseneinnahmen** und die **Arbeitsplätze** mit sich, die mit dem Fremdenverkehr ins Land kamen. Es war ein stetig **steigender Lebensstandard** und ein **wachsendes Einkommen** bei der einheimischen Bevölkerung festzustellen. Der Tourismus wurde zu einer verlässlichen und beständigen Einnahmequelle Spaniens, die bisher gegenüber internationalen Schwankungen in der Nachfrage weitgehend resistent war, wie anhand der Tabelle sichtbar wird.

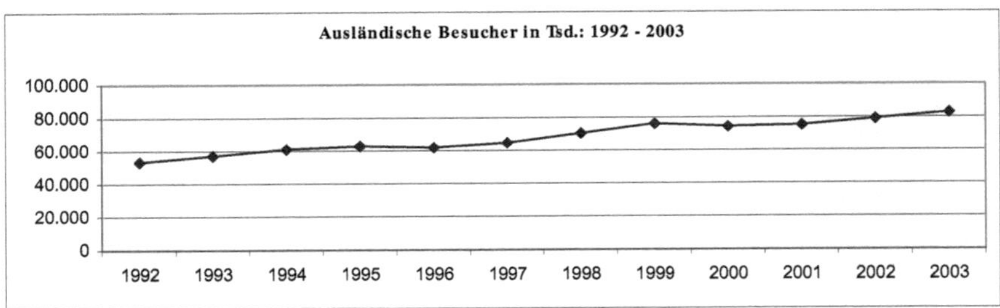

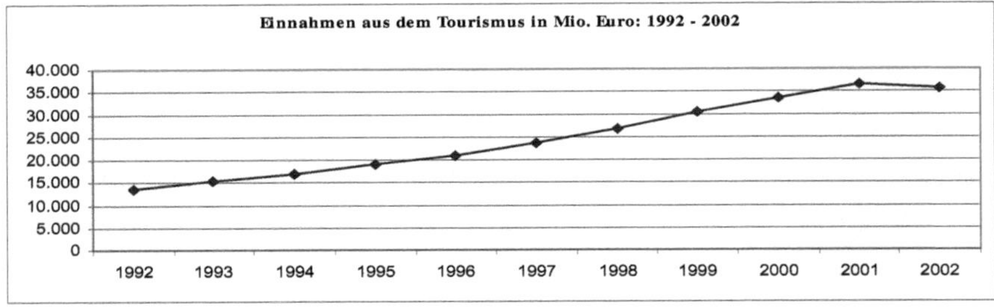

Abb. 3: Daten nach: Instituto de Estudios Turísticos, Madrid (eigene Darstellung)

---

[29] vgl. BERNECKER et al. (2004, S. 581-582).

Seit Ende der 1990er Jahre trugen die Einnahmen durch den Tourismus zu ungefähr 12% des Bruttoinlandproduktes bei. Durch diese Einnahmen konnte in den letzten Jahren die Zahlungsbilanz erheblich verbessert werden. Im Jahr 2000 beispielsweise konnte somit durch den Tourismussektor 71,1% des Handelsbilanzdefizits abgedeckt werden.[30] Natürlich dürfen auch die **positiven Einflüsse auf andere Wirtschaftszweige**, wie das Baugewerbe, das Transportwesen oder die Gastronomie nicht vergessen werden.[31] Insgesamt kann dem Tourismus rund ein Sechstel aller Arbeitsplätze im Dienstleistungssektor zugeschrieben werden.[32]

5.3 Diversifizierung und Segmentierung des Angebotes

Die Entwicklung in den letzten Jahrzehnten hat nicht nur veränderte Arbeitsweisen und somit auch andere Arbeitszeiten mit sich gebracht, sondern es lässt sich auch ein gesellschaftlicher Wandel feststellen. Durch die neue Organisation der Arbeit fallen meist die ausgedehnten Urlaubsreisen aus, und spalten sich in mehrere kleine Reisen über das Jahr auf. Gesellschaftliche Werte haben sich gewandelt und dies wirkt sich auch auf den Fremdenverkehr aus. Heutzutage wird die touristische Nachfrage immer stärker geprägt durch Individualität, Aktivität und Selbstverwirklichung.[33] Der Qualitätsanspruch steigt, ebenso das Interesse an kultureller und landschaftlicher Authentizität, was sich auch zusammen mit einem größeren Umweltbewusstsein ausdrückt. Einerseits sollten Tourismusdestinationen ein touristisches Angebot vorweisen, andererseits stellen eine intakte und naturbelassene Flora und Fauna besondere Anreize für einen Urlaub.[34] Um diese individuellen Vorlieben anzusprechen, müssen neue Angebote und Strategien entwickelt werden, welche die Einseitigkeit des Massenangebotes die nur auf die Ressourcen Sonne und Strand[35] ausgerichtet ist, ergänzen oder sogar ersetzen.

Eine Segmentierung des Angebots erfolgt insbesondere anhand des Kulturellen und Ländlichen Urlaubs – dem sogenannten *Turismo rural* - sowie dem Aktivurlaub.[36] Es gibt keine genauen Definitionen für diese Arten von Tourismus, aber man kann generelle Charakteristika der jeweiligen Touristengruppen nennen.

Kulturell interessierte Urlauber legen Wert auf das Kennenlernen der lokalen Gewohnheiten und Volksfesten. Es können Besichtigungsreisen angeboten werden, auf welchen den Besuchern das Land und dessen Geschichte näher gebracht wird.

---

[30] vgl. NOHLEN et al. (2005, S. 62).
[31] vgl. NOHLEN et al. (2005, S. 64).
[32] vgl. BERNECKER et al. (2004, S. 45).
[33] vgl. BREUER et al. (1998, S. 11).
[34] vgl. ebd. (1998, S. 15-16).
[35] vgl. BERNECKER et al. (2004, S. 590).
[36] vgl. ebd. (2004, S. 48-49). / vgl. BERNECKER (2006, S. 289). / vgl. BREUER et al. (1998, S. 15-16). / vgl. BRAMWELL (2004, S. 3).

Der *Turismo rural* kann sich beispielsweise an Bergwanderer richten, aber auch spezifische Angebote für Hobby-Ornithologen oder Hobby-Photographen können eine Marktlücke erschließen.[37] In Portugal wird vor allem der Jagdtourismus gefördert. Außerdem werden alte Thermalbäder hergerichtet und ehemalige Herrenhäuser renoviert, was aber trotz der Bemühungen kein Potential für größere Touristenmassen bietet und wohl ein Nischenangebot bleiben wird.[38] Dadurch kann auch die Konzentration des Massentourismus auf die Küsten ein wenig verringert werden. Natürlich muss Wert darauf gelegt werden, dass mit den touristischen Alternativen nicht dieselben Fehler wiederholt werden, die schon bei der ersten Erschließung des Tourismus an den Küsten begangen wurde.[39] Die Entwicklung muss sich besonders an der Nachhaltigkeit orientieren und nicht auf schnelle Gewinne ausgerichtet sein.

Zu nennen ist überdies der **Aktivurlaub**, dessen Betonung auf Sportarten wie zum Beispiel Schwimmen, Segeln, Reiten oder Surfen liegt. Eine wichtige Rolle spielt in Spanien, sowie in Portugal[40] der Golftourismus, da die Golftouristen meist aus den einkommensstarken Schichten kommen und relativ viel Geld während ihres Aufenthaltes ausgeben.[41]

Eine weitere Spielart des Tourismus ist der **Residenztourismus**.[42] Auch die zahlreichen Zweitwohnsitze der überwiegend älteren Bevölkerungsgruppen vor allem aus Großbritannien und Deutschland tragen zu einem zusätzlichen Einkommen in der entsprechenden Region bei.

5.4 Verbesserung der Qualität des Angebotes und der Dienstleistungen

Ein weiteres Ziel des Tourismus auf der iberischen Halbinsel, das Chancen für eine positive Weiterentwicklung des Massentourismus eröffnet, ist die **Verbesserung der Qualität des Angebotes und der Dienstleistungen**. Unter den Reisenden wächst die Akzeptanz für Dienstleistungen auch zu bezahlen.[43] Bedingung dafür ist natürlich die entsprechende Qualität der Leistungen. Der neue Qualitätstourismus soll besonders gut verdienende Nachfragegruppen anziehen. Deshalb wird auf der Angebotsseite entsprechend der nautische Tourismus gefördert, indem Yachthäfen ausgebaut werden, sowie der Golftourismus.[44] Gleichzeitig muss daran gearbeitet werden das Niedrig-Preis-Segment abzubauen.

Mit Hilfe von **Renovierung und Modernisierung** soll die aktuelle touristische Infrastruktur verbessert werden, um damit eine Höherstufung der bestehenden Unterkünfte zu veranlassen.

---

[37] vgl. BERNECKER et al. (2004, S. 48-49).
[38] vgl. BREUER (2008, S. 162-163).
[39] vgl. BERNECKER (2006, S. 290).
[40] vgl. BRIESEMEISTER et al. (1997, S. 62).
[41] vgl. BREUER (2008, S. 154).
[42] vgl. ebd. (2008, S. 154-155).
[43] vgl. BERNECKER et al. (2004, S. 48-49).
[44] vgl. BREUER (2008, S. 154).

Ein Schwerpunkt liegt dabei auf der Verbesserung des Gebrauchs der natürlichen Ressourcen. Der Wasserverbrauch soll zum Beispiel verringert werden, aber auch die Abwasserentsorgung soll umweltverträglicher gestaltet werden.

Überdies gehört zur Verbesserung der Qualität die **Professionalisierung der Dienstleistungen**.[45] Das Servicepersonal muss besser geschult werden um somit das positive Urlaubserlebnis der Besucher zu erhöhen.

Wichtig sind aber auch die weiteren Bemühungen der Politik mit entsprechenden Gesetzesvorlagen den **Umweltschutz** zu fördern und den Bausünden in den Städten zu entgegnen um attraktivere Urlaubsregionen anbieten zu können.

6. Zusammenfassung und Ausblick auf künftige Entwicklungen

Die Entwicklung des Massentourismus verlief nicht ganz unproblematisch, aber dieser bringt auch etliche positive Auswirkungen mit sich. Experten meinen, Spanien stehe „am Beginn eines Zyklus der Stagnation oder Rezession", deshalb ist es sehr wichtig, dass Spanien sich jetzt vor allem auf die Chancen konzentriert, um sich im internationalen Wettbewerb zu profilieren und die Position als eines der weltweit beliebtesten Urlaubsziele beizubehalten. „Der touristische Strukturwandel muß [sic] sich weg vom Käufermarkt der sogannten vier „S" (sea, sun, sand, sex) hin zum Verkäufermarkt entwickeln, der sich an den neuen sogenannten vier „E" (environment, equipment, event, setting [encadrement]) orientiert".[46] Durch die Wirtschaftkrise wird die Entwicklung des Tourismus im Moment negativ beeinflusst, aber es bleibt zu hoffen, dass mit den neuen Strategien gute Grundlagen zu einer Neuerfindung Spaniens als Tourismusdestination gelegt werden.

Portugal hat noch beträchtliches Entwicklungspotential zu bieten und muss auch versuchen, seine Position als Tourismusdestination weiterhin auszubauen.

---

[45] vgl. BERNECKER et al. (2004, S. 48).
[46] vgl. BREUER et al. (1998, S. 18).

7. Quellenverzeichnis

<u>Literatur</u>

BERNECKER, W. L. (2006): Spanien-Handbuch. Geschichte und Gegenwart. Tübingen.

BERNECKER, W. L; DIRSCHERL, K. (Hrsg.) (2004): Spanien heute. Politik – Wirtschaft – Kultur. Frankfurt/Main.

BRAMWELL, B. (Hrsg.) (2004): Coastal Mass Tourism. Diversification and Sustainable Development in Southern Europe. Clevedon.

BREUER, T. (2008): Iberische Halbinsel. Spanien, Portugal. Darmstadt.

BREUER, T.; HEINE, K.; HERMES, K.; OBST, J. u. RINSCHEDE, G. (Hrsg.) (1998): Regensburger geographische Schriften. Heft 27: Fremdenverkehrsgebiete des Mittelmeerraums im Umbruch. Beiträge der Tagung des Arbeitskreises „Geographische Mittelmeerländer-Forschung vom 11. – 13. Oktober 1996 in Regensburg. Regensburg.

BRIESEMEISTER, D.; SCHÖNBERGER, A. (Hrsg.) (1997): Portugal heute. Politik – Wirtschaft – Kultur. Frankfurt/Main.

FRIEDL, H. A. (2008): Das gebuchte Paradies, gutes Gewissen inklusive. Ethische Grundlagen des umwelt- und sozialverträglichen Ferntourismus. Norderstedt.

NOHLEN, D.; HILDENBRAND, A. (2005): Spanien. Wirtschaft – Gesellschaft – Politik. Ein Studienbuch. Wiesbaden.

PEDREÑO MUÑOZ, A. (Hrsg.) (1996): Introducción a la economía del turismo en España. Madrid.

SCHMITT, T. (1999): Erdwissenschaftliche Forschung. Bd. 37: Ökologische Landschaftsanalyse und -bewertung in ausgewählten Raumeinheiten Mallorcas als Grundlage einer umweltverträglichen Tourismusentwicklung. Stuttgart.

Internet

EL PAÍS (2010) : El turismo en España cae un 8,7% y vuelve a cifras de 2003. <http://www.elpais.com/articulo/economia/turismo/Espana/cae/87/vuelve/cifras/2003/elpepie co/20100114elpepieco_9/Tes> (14.05.2010).

ZUBER, H. (2002): Galaxie der Qualität. <http://wissen.spiegel.de/wissen/image/show.html?did=22539694&aref=image030/E0219/SC SP200202001510151.pdf&thumb=false> (14.05.2010).

Abbildungen

Abbildung 1: Lebenszyklusmodell nach Butler. http://3.bp.blogspot.com/_yVhPtfNFOXo/S5j2016NGgI/AAAAAAAAAEw/y2u13y0NfV4/s 1600-h/x5626e0d.gif (14.05.2010).

Abbildung 2: Benidorm – früher und heute. http://4.bp.blogspot.com/_tI0R21BHONc/Sba9TdJ66NI/AAAAAAAAASg/vk8WvRTHGhs/ s1600-h/esta-es-la-playa-de-benidorm.jpg (14.05.2010).

Abbildung 3: Touristen und Deviseneinnahmen aus dem Tourismus pro Jahr: 1992 – 2003. (Eigene Darstellung). NOHLEN et al. (2005, S. 63).